行銷人應該覺得驕傲，
因為亮眼的銷售量都來自傑出的行銷人。

10分鐘弄懂
深度行銷

A   Z

行銷人
一定要知道的
重要概念

10分鐘弄懂
深度行銷

傑出行銷人
和
普通行銷人
的唯一差別在──
「創意點子」

向「擁有創意思考」的人請教如何激盪有創意的行銷點子。思考具開創性的人通常腦前額葉發達，腦前額葉正是大腦中掌管著一個人是否有想像力和創造力的區域。

行銷創意

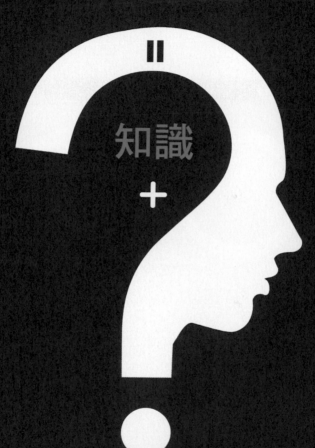

＝

知識

＋

想像力

品牌識別
(Brand Identity)

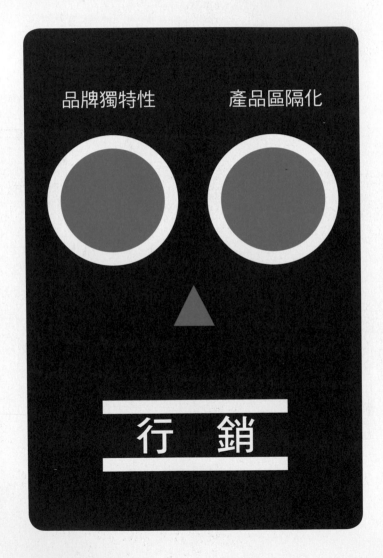

同類產品在不同
品牌下，
會產生截然不同
的效應，
這是行銷人之功，
還是意外造成
的呢？

普通的行銷人
和
糟糕的行銷人
其實半斤八兩。

因為他們只懂得
花大筆的費用，
卻帶不來
半毛的營收。

客戶有成千上萬個
不成交的理由，
但客戶肯掏錢的理由，
永遠只有一個。

而這才是行銷人
真正的功力所在。

領先品牌

劣勢品牌

A級品牌的策略

和Z級品牌的策略

究竟差在那裡？

為什麼產品很好卻賣不動？

為什麼漂亮的產品偶然才賣得出去？

為什麼產品不好卻暢銷？

為什麼產品便宜也沒人買？

為什麼超過千元的產品成了排隊名物？

為什麼有人可以賣數千元的高價品，還讓客戶

願意耐心等候到貨？

週日市集的產品成把成把地賣，真的有獲利嗎？

為什麼市中心精品店的產品賣不出去？

一個月只賣出一個的高價品可以比小商店一個月賣的產品獲利更多嗎？

為什麼iPhone和iPad的手機殼和包膜動輒得花幾十美金？

暢銷品是怎麼爆紅的？又能紅多久？

垂死品牌還能起死回生嗎？

為什麼有些手機品牌銷量像瀑布一樣狂瀉？

為什麼低價包總賣不過高價包？

好產品和壞產品到底該怎麼定義？

你的行銷計畫到底有何盲點？

一本四十多年的老行銷教科書教的手法，現在
還能派上用場嗎？

為什麼一提到行銷就只有降價這個老把戲？

為什麼有人寧可下載電子書也不肯買實體書？

為什麼有些產品不需要行銷一樣賣得嚇嚇叫？

為什麼有些產品沒有促銷就不能銷售？

為什麼人們肯付費買電子書？

為什麼明明是相同的產品，有的給人的感覺很奢華，其他就很普通？

為什麼有些人只買名牌包包？

行銷羅盤
（Marketing Compass）

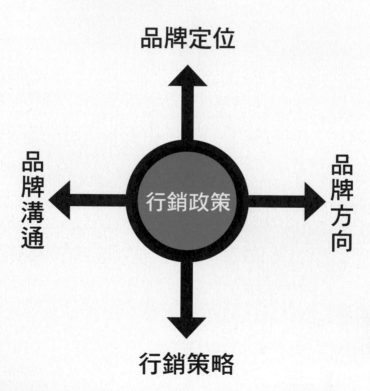

品牌定位

品牌溝通

行銷政策

品牌方向

行銷策略

創意
能賦予品牌
不凡的影響力

提升品牌知名度

增加營收

培養品牌忠誠度

行銷策略
（Marketing Strategy）

行銷策略被視為
如同「父親」的角色。

父親為「一家之主」，
表示得擔負較大的責任。
行銷策略描繪出較大的品牌格局及運營主軸，
之後才能衍生出較小、較細節的落實方案。

行銷策略
就如同指揮首腦＋作戰綱領，
選擇市場滲透戰
還是市場擴張戰，
無論何種戰法，
都需要品牌策略
相互支援。

品牌策略
（Brand Strategy）

品牌策略則扮演「母親」的角色。

媽媽是照顧家庭
和關照家人的主力。
品牌策略能提升行銷策略到更高的層次，
且更聚焦於執行細節。

如同媽媽會注意如何讓小孩穿對穿暖，
品牌策略從「父親」那裡取得初步的粗略概念，
進一步計畫著該如何展示產品的特點。
如果「父親」說藍色，
那媽媽就會找出藍色調的衣服讓小孩穿上。
在行銷族譜中，
「產品」則等於是家庭培育中的小孩。

「藍色」是主要大方向，
其餘細節只要不脫離
主軸即可。

行銷知識

消費行為

全球化行銷

行銷策略

品牌策略

領先品牌行銷

品牌動能

品牌競爭

新型態行銷

行銷知識

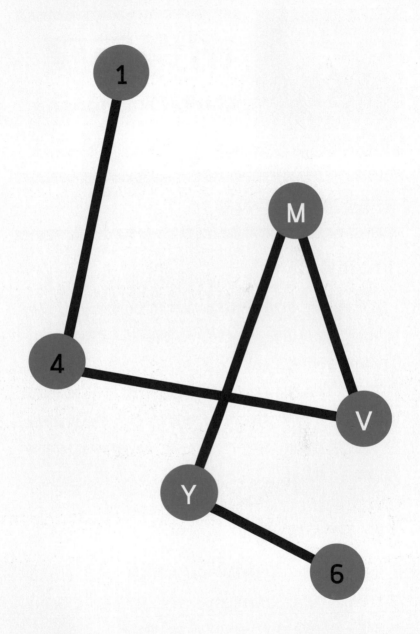

1

市場反應
Market Response

市場反應 vs 客戶反饋

1.1）市場反應

在行銷初期，讓客戶認識你的品牌至為重要，因此「品牌定位」和「宣傳銷售」一樣重要，亦即提升「品牌知名度」是這個階段的行銷工作重點。

然而，「品牌知名度」不等於「創造營收」，因為此時客戶雖認識了我們的品牌和產品，卻可能尚未有準備購買的動機，因此無法帶來銷售量，不過至少品牌的優勢和產品的特點已廣被客戶認識。

1.2）客戶反饋

當時機到來時，客戶會進一步成為消費者。然而消費者很容易變心，他們要花錢買東西時，採購目標常是他們腦中浮現的第一個品牌的產品，此即「品牌記憶效應」。

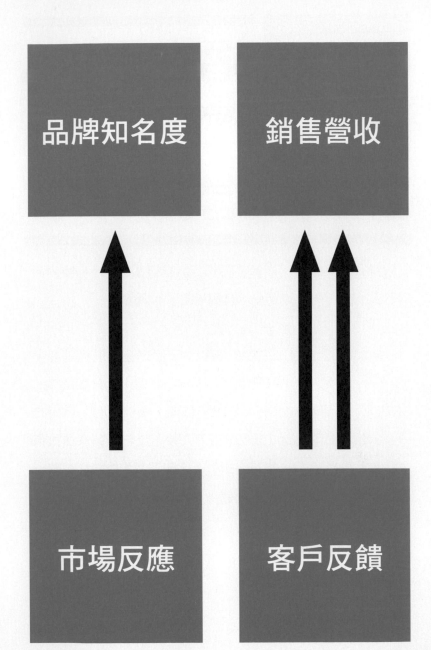

2 潜在需求
Potential Demand

潜在目標消費者

　　行銷人必須明白，所謂的目標族群有很多類別，但我們最該集中資源爭取的是那些「負擔得起」的客層。

　　從我們拓展品牌知名度的過程中，必定會接觸到許許多多客戶，可是真正會採取購買行為給我們帶來銷售實績的，必定來自於那些有潛在需求的消費者。舉例說明，住得起五星級飯店每晚1,500美金房價的人數，比起僅願意負擔每晚100至400美金的人數必定少很多，但若我們的飯店是豪華旅館，那麼行銷聚焦於人數較少的五星級族群才是務實的作法。

飯店價格反應潛在需求

24%

每晚每間 **1,000** 美金

1%

每晚每間 **2,500** 美金

75%

每晚每間 **100-499** 美金

潛在顧客

目標聚焦即所謂的
「利基行銷」。

行銷人應關注的是
「潛在顧客」。

潛在顧客的多寡依據的是
營銷量及行銷成本

有時大手筆的行銷預算，
營銷量卻很淒慘；
有時行銷預算不多，
卻能有爆發的銷售量。

因此在行銷領域中，
選擇如何的目標市場決定了
行銷預算和營銷量的高低，
排除非目標族群，
絕對是低預算高績效的首項工作。

在行銷計畫和預算定案前，
（明智的）行銷人會從過往的
銷售數字中，
找出顧客和非顧客的消費行為，
據以決定本次目標市場的落點
和執行的方式，
也就是精準地吸引到最正確的
「利基消費者」。

利基消費者就是行銷人努力要挖掘的
「真正的顧客」。

目標族群為
女性人口，
即不分年齡
和居住地的
全國女性。

目標族群為
女大學生，
即約18～22歲的
女性在學學生。

預估

期望

由於商品
只在都會區
銷售，
因此鎖定
18～22歲、
居住於
都會地區的
女大學生。

因商品
只在都會區
銷售，
因此潛在需
求者為
18～22歲、
居住於
都會地區、
平均月收入
1,000美金的
女大學生。

因商品
只在都會區
銷售，
因此潛在
顧客為
18～22歲。
居住於
都會地區、
月收入平均
1,000美金、
又肯花大筆
消費額於
美妝品的
女大學生。

目標族群

潛在需求

潛在顧客

消費行為

消費者
何時
會掏錢
購買
商品
？？？？？？

購買商品的動機

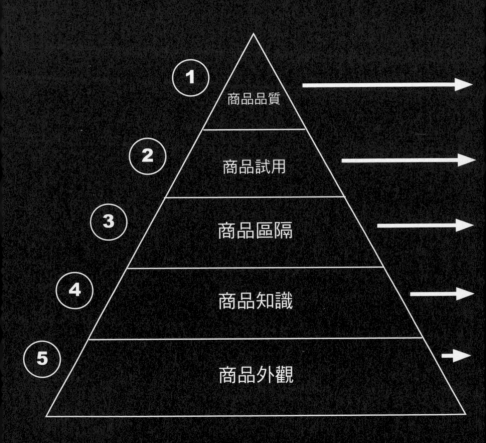

1　商品品質

2　商品試用

3　商品區隔

4　商品知識

5　商品外觀

銷售策略

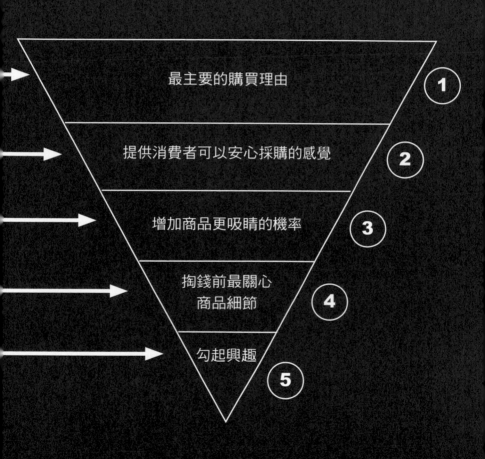

最主要的購買理由　①

提供消費者可以安心採購的感覺　②

增加商品更吸睛的機率　③

掏錢前最關心
商品細節　④

勾起興趣　⑤

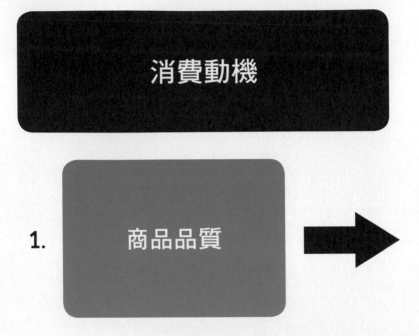

1.

採購理由

商品品質無疑是決定消費行為的最重要關鍵。在顧客被商品外觀吸引後，他們將進一步理解商品，並且和他牌商品比價，然後產生意願進一步試用。若試用結果令人失望，要讓顧客花錢購買是很困難的。特別是在過度宣傳的影響下，商品實際情況和廣告宣傳所宣稱的成效可能有很大的落差，這正是令顧客失望、猶豫、質疑商品之處，而「買」或「不買」的關鍵一瞬間，即決定於顧客對產品的品質實證結果。

消費動機

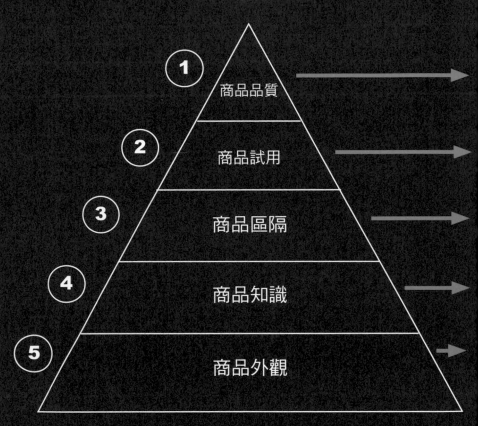

銷售策略

1 商品品質（Product Quality）
若顧客能試用產品並感到滿意，
他們會有較高的購買意願。

2 商品試用（Product Testing）
引起顧客興趣然後通過試用，
之後產生消費行為。

3 商品區隔（Product Difference）
讓顧客選擇我們的商品，
而非他牌。

4 商品知識（Product Knowledge）
銷售人員必須在最短的時間內
清楚地說明產品特色。

5 商品外觀（Product Appearance）
給顧客的第一印象至關重要，第一眼的印象
能誘使他們進入交易決策的階段。

消費動機

2. 商品試用 ➡

3. 商品區隔或
商品差異化 ➡

採購理由

若顧客對商品不感興趣，他們並不會花費時間心力來試用，而願意試用的顧客，若有機會親身體驗並接觸到商品，試用將是這類顧客決定購買的最佳臨門一腳。試用對有意願的顧客來說，是增加他們對採購行為和消費結果的信心，確保他們買了以後不會後悔。

商品的區隔之處可能是顧客決定選購該品牌的關鍵點。若我們的產品特有的差異之處比其他品牌的產品好，就很容易說服顧客我們的產品果然有過人之處，因此選擇我們的產品才是正確的消費決定。

消費動機

4. 商品知識 ➡

5. 商品外觀 ➡

採購理由

商品引起目標族群的注意後，他們會想知道更多關於商品的知識，因為有了足夠的商品資訊，他們才能判斷價格和該商品是否對等，假如他牌也有相似的品項，他們會進一步研究品牌，再依據對品牌的觀感與喜好度，做出真實的消費行動。

人要衣裝佛要金裝，商品也得重視包裝。無論是美麗的包裝盒及特殊的裝飾，都能吸引消費者目光，進而產生購買欲。總之，外觀是商品能否吸引目標族群的第一關。

3

關注眼球
廣告效益測量
Eyeball Advertising
Measurement

品牌知名度係數

針對目標族群測量廣告效益的方法

　　廣告效果測量或行銷溝通效益可以務實地以吸引多少消費者的眼球數來計算，而廣告效果也確實等於觸及多少目標族群的數量。

　　廣告管道的選擇決定廣告費用，若你想透過電視媒體進行廣告說服，費用較高但可一次接觸到較大量的目標族群，可能高達上百萬戶的家庭；若你選擇透過雜誌進行廣告說服，接觸的多寡可能因封面議題或媒體品牌的強弱而有差距，更重要的是雜誌不同，其核心讀者群即產生差異，如果是老牌雜誌，可能長年下來已累積了大量的讀者群，因此廣告費會比新雜誌高。

雜誌	每一期大約發行 10,000至80,000份
廣播	台灣的閱聽人口 約590萬人
臉書	全球每月使用人數 已突破20億

電視

2009-2010英國收視人口的
登錄數約24,963,799人

4

每次點擊成本
Cost Per Click
每千次展示廣告成本
Cost Per Impression

上網成本

網路廣告成本

計算網路線上廣告費用的方式和其他媒體（如雜誌）大相逕庭，線上廣告的成本取決於你想如何計算對可數的目標族群展示廣告的方式，意即從網路行銷結果得到的數字，很可能是線上廣告觸及的目標族群的真實數量。

有些線上廣告計算的方式是計算展示版位的點擊數量，有時是計算多少人確實閱讀了網路內容。舉例來說，臉書容許廣告主選擇精準的目標族群，選擇維度包含了年齡、性別、嗜好、興趣等等；然後廣告主還可選擇網路廣告的投放方式，是採按點擊付費還是按每千次展示的瀏覽量付費，前者即有點擊才付費的廣告投放及付費方法（CPC），後者即廣告有展示即付費（CPM）。

社群
網路廣告
投放線上廣告於
社群媒體

網路

臉書

按讚

粉絲頁

推特

線上廣告

廣告版位

部落格

數量來自多少人點擊
線上廣告（CPC）
或多少人看到
展示廣告（CPM）

全球化行銷

如何決定
行銷計畫的
規模

??????

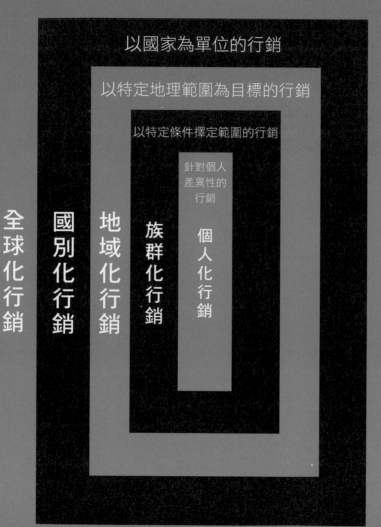

放眼國際市場的行銷

以國家為單位的行銷

以特定地理範圍為目標的行銷

以特定條件擇定範圍的行銷

針對個人
差異性的
行銷

全球化行銷　國別化行銷　地域化行銷　族群化行銷　個人化行銷

個人化行銷 （**Personal Marketing**）	針對個人狀況的差異性行銷
族群化行銷 （**Group Marketing**）	以特定條件擇定範圍的行銷
地域化行銷 （**Area Marketing**）	以特定地理範圍為目標的行銷
國別化行銷 （**Country Marketing**）	以國家為單位的行銷
全球化行銷 （**Global Marketing**）	放眼國際、全球市場的行銷

5 個人化行銷
Personal Marketing

行銷個人化

以個人的差異性接觸目標族群的方式

　　針對每個人的需求差異去接觸目標族群的方式，意即行銷已達個性化、個人化的層次。

　　泰國黃金時段的電視廣告可觸及1千萬戶，但同樣廣告素材在平日下午時段放送只能觸及150萬戶，且大多數閱聽族群是家庭主婦。報紙、雜誌和網路觸及的族群各有不同，族群不同，其生活型態和消費行為亦不同。

個人化生活型態

一樣米養百種人

電影	主要的目標族群喜歡哪一類電影或者很少看電影？
電玩	主要的目標族群喜歡玩手遊還是Xbox？
嗜好	主要的目標族群喜歡廚藝還是旅行？
雜誌	主要的目標族群喜歡哪種類型的雜誌？
食物	主要的目標族群喜歡哪類食物？喜歡在何時何地用餐？
購物	主要的目標族群喜歡去哪裡購物？大概花費多少？

潛在市場行銷

個人差異化行銷

行銷人需考慮到目標族群的
個人差異化生活型態，
即生活型態行銷。

過往行銷人可能以平均
月收入5,000美金以上，
且喜歡打高爾夫球的族群進行過市調，
因此品牌主只在少數媒體管道進行宣傳，
或只接觸高球迷。

然而每個人的生活型態不同，
因此其成效並不令人滿意。

原因在於，
只有30%的高球迷月收入超過5,000美金，
意即有70%的目標客戶，
月收入未達5,000美金。

如此一來，
個人化行銷注定失敗。

主要的關鍵在於，
生活型態會隨著時間等條件而改變。

月收入超過5,000美金後，
高球迷可能不再沉迷於高球，
而是旅行、健行或改玩足球。

靈活的行銷人必須審時度勢，
在投資行銷及廣告費前，
必重新研究和理解目標客戶選擇的
新生活型態。

6 族群化行銷
Group Marketing

利基行銷

利基目標市場

馬拉松跑者可能會結伴訓練；賽車手可能聚集在賽車場；羽球選手會在羽球場上找對手；賭徒總是流連賭場；工作狂愛讀商業性報刊；熱心社會運動的市民目光離不開報紙、電視等媒體。

所以如果你想接觸特定族群，就得先了解你擇定的族群的行為模式。

利基行銷

族群化行銷

Facebook	台灣有臉書帳號的使用者高達1800萬人
Line	全球有Line帳號的使用者突破10億
Instagram	Instagram月活躍使用者超過 7 億
手機	台灣3/4的人持有智慧型手機。

個人化行銷

是以個人為單位的行銷策略，
目標以個性化手段觸及每位目標客戶，
目的在建立每位目標客戶和
品牌間更穩固的連結，
例如，一一針對每位客戶寄發生日賀卡
或折扣電子郵件。

族群化行銷

觸及擇定範圍的目標族群，
他們之間有著共同的興趣。
例如會在單車活動聚集的單車迷，
或經常在公園路跑的慢跑迷，
皆注重健康的生活型態，
而高球人群可在高爾夫球場或
練習場被找到，
總之以興趣挑選目標
族群是最容易的方式。

地域化行銷

針對特定地區規劃的行銷策略。
有些產品只在大城市販售，
何必在全國性報紙上刊登廣告，
不但沒有顯著的效益，
更白白增加廣告費。
同理，大城市的餐廳也無需進行全國性宣傳，
在地方報紙或區域性廣播電台打廣告就足夠。

但位於大城市裡的飯店就得進行全國性廣告，
因為它們的客戶不會是當地住民，
當地住戶不太有理由入住當地的飯店，
因此飯店的潛在客戶應該來自其他地區。

所有的行銷考量，
和企業組織的目標族群
息息相關。

7 地域化行銷

Area Marketing

以特定地理範圍為目標的行銷

以省級地理分區為目標規模

每個鎮、每個市、每個區域的生活型態皆不同，因此不同地區的客戶亦呈現不同的樣貌。

泰國的觀光區域如芭達雅、普吉、喀比和清邁，吸引眾多來自海外的遊客。

對泰國本地公司來說，這些地區經濟狀況好＋遊客眾多，因此若要進行地域化行銷，你必須釐清目標族群是那一個：當地住民還是外國遊客？在投放行銷預算前，得先確保挑選了對的目標族群。

地域化行銷

以特定地理範圍為目標的行銷

活動 （Activity）	外國旅客或本地住民在不同地區和城市進行的活動皆不同。
服裝 （Clothes）	紐約或芝加哥生產的服裝不同於佛羅里達生產的服裝。
食物 （Food）	在義大利，每一省的義大利麵皆不同。
文化 （Culture）	德里和青奈的傳統及信仰並不同。
風格 （Style）	俄羅斯橫跨9個時區，因此不同區域呈現不同的生活風格。
語言 （Language）	在英國，雖然最佳溝通語言是英文，但其實各地皆有地方方言。

8 國別化行銷
Country Marketing

以國家為單位的行銷

以全國為行銷目標

　　台灣人口大約有2千3百萬人，如何成功操作全國性行銷，觸及全國人口，每個縣市、所有性別、全部年齡層呢？

　　市場規模越大，其目標族群的興趣和生活型態越複雜，建議行銷人先從最大的族群著手。若是全國性販售及鋪點的產品，就該操作全國性行銷，這類產品必須在所有區域都能看得到，或在所有的有效通路上都有販售。

國別化行銷

以國家為單位的行銷

雜誌 （Magazine）	其廣告標的針對外地遊客，而地方報紙或廣播則針對本地住民。
食物 （Food）	所有西班牙餐廳不但提供西班牙菜，還有國際性料理。
旅遊 （Travel）	長程線航空公司吸引國際旅客，而廉價航空吸引區域性旅客。
飲料 （Drink）	在法國，當地人喜歡飲用葡萄酒，但觀光客喜歡喝啤酒。
電視 （TV）	在馬來西亞，地方電視台針對的是本地閱聽群眾，而有線頻道則是針對外國人。
運動 （Sport）	在美國，美式足球迷的人口遠高於棒球和曲棍球。

9 全球化行銷
Global Marketing

放眼國際市場的行銷

目標族群無國界

引起全球騷動的魔幻小說：哈利波特

全球票房賣座電影：蜘蛛人

讀者遍布全球的商業雜誌：經濟學人

全球都能接受得到的新聞頻道：CNN

備受全球喜愛的冰淇淋品牌：Häagen Dazs

國際性軟性飲料品牌：可口可樂

全球知名度最高的速食連鎖：麥當勞

最受追捧的智慧型手機：iPhone

全球化行銷

放眼國際市場的行銷

英特爾（intel）	其晶片幾乎運作於全球每部電腦內。
迪士尼（Disney）	主題樂園＋多采多姿＋創意的全球代名詞。
臉書（Facebook）	無論你身在何處，都能與每個人連結、與世界為友的社群平台。
蘋果（Apple）	人性智慧帶來最佳科技。
好萊塢（Hollywood）	全球電影工業的領先者。
諾基亞（Nokia）	無線連通更友善的智慧型手機公司。

區域化行銷

區域等級的行銷策略，
區域指的可能是一洲內的區域市場
或一個國家內的某一族群。
例如，通心麵因源自歐洲，
因此在歐洲及北美都有極佳的銷售量。

某些泰式食物能在相鄰的國家銷售，
並有不錯的成績，
例如台灣、馬來西亞、柬埔寨及越南，
因此泰式美食在亞洲前景可期。

有些產品則採先區域後本地的行銷進程，
例如中國茶、廉價航空或
英格蘭足球超級聯賽。

全球化行銷

全球性等級的行銷策略，
國際品牌如可口可樂、百事可樂、蘋果、
BMW、索尼、英特爾、微軟、聯合利華、
保時捷、勞力士、路易威登、麥當勞、
星巴克、肯德基等採取的行銷手法。

有些產品通用於全世界，
其使用者遍布全球，
因此國際性品牌能創造極大的銷售量。
然而國際性行銷最重要的是品質控制，
因為只要有一件產品品質低落，
就會輕易破壞長年建立的
品牌形象及消費者信任。

全球人口

資料來源：美國人口普查局國際數據庫

1）中國	👤👤👤👤👤 👤👤👤👤👤 👤👤👤	
2）印度	👤👤👤👤👤 👤👤👤👤👤	
3）美國	👤👤👤	
4）印尼	👤👤	
5）巴西	👤👤	
6）巴基斯坦	👤👤	
7）俄羅斯	👤👤	
8）孟加拉	👤👤	
9）日本	👤👤	
10）奈及利亞	👤👤	

資料來源：美國人口普查局國際數據庫

1,263,637,531

1,006,300,297

282,162,411

214,090,575

174,315,386

152,429,036

147,053,966

132,150,767

126,775,612

123,945,463

全球人口

資料來源：美國人口普查局國際數據庫

1）中國　👤👤👤👤👤 👤👤👤👤👤 👤👤👤👤

2）印度　👤👤👤👤👤 👤👤👤👤👤 👤👤

3）美國　👤👤👤

4）印尼　👤👤👤

5）巴西　👤👤

6）巴基斯坦　👤👤

7）奈及利亞　👤👤

8）孟加拉　👤👤

9）俄羅斯　👤👤

10）日本　👤👤

資料來源：美國人口普查局國際數據庫

1,330,141,295

1,173,108,018

309,326,225

243,422,739

195,834,188

184,404,791

160,341,173　▲10

156,118,464

142,526,896　▼7

127,579,145　▼9

全球人口

資料來源：美國人口普查局國際數據庫

1）中國

2）印度

3）美國

4）印尼

5）巴基斯坦

6）巴西

7）奈及利亞

8）孟加拉

9）俄羅斯

10）日本

全球人口

資料來源：美國人口普查局國際數據庫

1,384,545,220

1,326,093,247

333,895,553

267,026,366

213,719,471 6

211,715,973 5

204,909,220

183,108,550

141,722,205

128,649,565

2000年
全球人口

世界第一高人口數的國家是中國，
不但擁有12億人口，
2010年到2020年，
中國人口數更將持續增加。
世界第二高人口數的國家是印度，
擁有了10億人口。
在2010到2020年這段期間，
印度人口數經歷了巨大的成長。
世界第三高的國家是美國，
擁有超過3億的人口。

全球人口

我們必須瞭解從現在至接下來
的20到50年，
有什麼東西變了，
而且與現在有何不同。

例如，
2000年時日本曾是全球
第九大人口數的國家，
但2020年將可能被擠出前十名。

新的前十大人口數國家
包含奈及利亞和墨西哥，
而巴基斯坦在接下來20年可能從
排名第六前進至第五。

全球人口

資料來源：美國人口普查局國際數據庫

1）印度 👤👤👤👤👤 👤👤👤👤👤 👤👤👤👤👤

2）中國 👤👤👤👤👤 👤👤👤👤👤 👤👤👤👤👤

3）美國 👤👤👤👤

4）印尼 👤👤👤

5）奈及利亞 👤👤👤

6）巴基斯坦 👤👤👤

7）巴西 👤👤👤

8）孟加拉 👤👤

9）衣索比亞 👤👤

10）墨西哥 👤👤

全球人口

資料來源：美國人口普查局國際數據庫

1,460,743,172

1,391,490,898

358,471,142

285,149,586

258,613,728

242,861,643

223,890,497

211,287,894

149,122,932

140,062,430

全球人口

資料來源：美國人口普查局國際數據庫

1）印度 🧍🧍🧍🧍🧍 🧍🧍🧍🧍🧍 🧍🧍🧍🧍🧍 🧍

2）中國 🧍🧍🧍🧍🧍 🧍🧍🧍🧍🧍 🧍🧍🧍🧍

3）美國 🧍🧍🧍🧍

4）奈及利亞 🧍🧍🧍🧍

5）印尼 🧍🧍🧍

6）巴基斯坦 🧍🧍🧍

7）孟加拉 🧍🧍🧍

8）巴西 🧍🧍🧍

9）衣索比亞 🧍🧍

10）菲律賓 🧍🧍

全球人口

資料來源：美國人口普查局國際數據庫

1,571,715,199

1,358,518,748

380,015,683

321,286,749 5

296,746,820 4

269,151,265

233,777,614 8

231,094,505 7

187,610,516

156,188,148

全球人口

資料來源：美國人口普查局國際數據庫

1）印度 👤👤👤👤👤 👤👤👤👤👤 👤👤👤👤👤 👤👤

2）中國 👤👤👤👤👤 👤👤👤👤👤 👤👤👤

3）美國 👤👤👤👤

4）奈及利亞 👤👤👤👤

5）印尼 👤👤👤

6）巴基斯坦 👤👤👤👤

7）孟加拉 👤👤👤👤

8）巴西 👤👤👤

9）衣索比亞 👤👤👤

10）菲律賓 👤👤

全球人口

資料來源：美國人口普查局國際數據庫

1,656,553,632

1,303,723,332

399,803,369

391,296,754

300,183,166

290,847,790

250,155,274

232,304,177

228,066,276

171,964,187

2030年人口大幅轉變

全球最高人口數的國家將不再是中國，
而是印度。

在2030年時，
印度人口數將擁有14億人口，
而中國只擁有13億9100萬人。

中國前領導人鄧小平在1979年頒布、
為了控制人口成長速度所實施的
一胎化政策，
將是造成中國人口數成長遲緩的原因之一，
這個政策導致中國的新婚夫妻
只能擁有一個小孩。

重要年度2050年

直至2050年，美國人口將達到4億。
奈及利亞、衣索比亞與菲律賓會有
更大幅度的人口成長。
印度也會有將近17億的人口數。

全球人口數每年持續不斷地成長。

這意味著消費率也將大幅成長，
那些老少咸宜、每個人都能使用的產品，
其銷售數量會跟
人口數成長一樣起飛。

行銷策略

什麼是
行銷策略
??????

10 先行性創意
Lead Idea

市場領先者的行銷創意型態

所謂領先市場的創意

長占市場銷售第一的產品品項或市占率最大的產品,需要「創意」才能穩固其第一的領先態勢。

有些食物不見得好吃,卻有最高的市占率;有些銀行擁有很多客戶量,有些則不然。這不是什麼神奇魔法或特殊個案,客戶多不見得獲利就好,懂得雇用能力高超的行銷首腦就能辦到。

能力高超的行銷人可謂聰明的行銷人,高薪但物超所值。

仔細觀察以下這些領先的企業行銷首腦的風格，必能理解創意的重要性。

法國電信Orange＋英國O2電信＋沃達豐電信Vodaphone＋百威啤酒＋海尼根啤酒＋賓士汽車＋愛迪達＋耐吉＋聯合利華＋寶鹼＋沃爾瑪＋特易購＋7-11＋紅牛

蘋果＋三星＋諾基亞＋黑莓＋HTC＋奇異＋維珍航空＋花旗銀行＋威士卡＋萬達卡＋波音＋哈洛士百貨＋空巴＋英航＋阿酋航空＋漢堡王＋麥當勞＋肯德基＋潛艇堡＋ZARA＋H&M＋優衣庫＋尼康＋佳能＋索尼

11 創意庫
Idea Tank

創意的發想

讓創意天馬行空

事實上，當非行銷人已腸枯思竭時，行銷人依然創意泉湧。

如果每個人都能將潛力發揮至極致，如在球場上拚搏的足球員，其表現一定發光發熱，甚至能與職業球隊俱樂部的明星球員比擬。可惜的是很少有行銷人員能被賦予上場盡情揮灑才能的機會，總是因企業主一大堆的理由藉口而綁手綁腳，最終導致諸多失敗的行銷策略，結果令人失望。

創意庫（Idea Tank）
創意的發想

獨一無二　　一成不變

品牌形象

行銷點子

行銷溝通

品牌認同

品牌策略

行銷策略

公共關係

行銷宣傳

品牌個性

付費廣告

行銷網絡

行銷方向

行銷策略

行銷策略

品牌認同

品牌策略

行銷策略

行銷方向

　　指引我們往願景前進的指導羅盤，當我們理解公司的行銷方向，就能沿著到達目的地的路徑而行，不至於在中途迷了路。

行銷策略

行銷策略方向的規劃，
取決於我們如何看待我們的品牌，
我們的品牌重點是
維繫回頭客還是開發新客戶？
新產品要側重於品牌知名度的開拓，
亦即吸引他牌的消費者轉投我方的陣營，
讓這些消費者認同我們的品牌，
最後對我們的品牌產生忠誠度，
有了品牌忠誠度後，
客戶才不會搖擺不定，
輕易就投向他牌的懷抱。
以上這些都是規劃行銷策略方向時，
必須注入行銷創意中的要件。

品牌策略

在戰爭真正開打之前，
如何進攻和採行何種作戰策略，
必定是最高指揮官拍板定案的。
指揮官必須決定
是採取水攻、火攻，
還是純粹的陸上作戰。

品牌策略也有相同的邏輯，
必須規劃縝密，
因為一旦策略有更動，
會造成客戶的混淆，
進而導致客戶失去對品牌的信心。

品牌認同

當市場很多類似產品時，
行銷人必須塑造出產品的特點，
以獨特的品牌個性和他牌區隔；
總之，努力讓品牌引人注目，令人印象深刻。
行銷人不停地與目標族群溝通我們的品牌特性，力求
高品牌知名度和消費者的理解，
品牌特性能達到眾所周知後，
才能帶來好的行銷效益。
目標族群越理解品牌獨一無二的特性，
品牌越能獲得正面的評價。
大多數洗髮精功能是類似的，
所有礦泉水品牌都訴求清淨可飲，
若不再提供其他個性化特點，
消費者如何選擇你的品牌？
因此，創造特性和區隔
非常重要。

行銷網絡

品牌形象

行銷創意庫

行銷溝通

付費廣告
透過媒體做行銷

　　依照行銷方向，行銷人必須將品牌形象透過各種媒體管道（電視、雜誌、報紙等）與市場溝通，品牌形象因而能取得高知名度並形塑品牌特性，如此一來，消費者即可接收到正確的品牌意涵。

品牌形象
品牌感受

創造品牌形象旨在
使品牌內化成消費者的感受，
某些汽車給消費者的感受鮮明，
如豪華房車、家族用車或計程車，
這些都是因品牌形象已固著在消費者的腦中，
並自然地被解釋成某個傾向了。

如同澳洲給人一個戶外活動大國的感受，
提供許許多多戶外遊樂活動，
所以澳洲備受喜愛運動
或戶外活動的男女喜愛。

這就是澳洲的
品牌形象。

行銷點子
行銷活動中的創意

你如何從新角度獲取正確的行銷方向？
該如何不拷貝他人的點子，
而產生一個有前景、有創意、受人推崇，
且很酷的行銷點子？

如果你能用充滿新意的行銷方向和
目標族群溝通，目標族群必定對
你的品牌越發印象深刻。

雖然有新意的行銷難以普遍地讓目標客戶覺察，
因為客戶通常都有其行為慣性，
每天的活動也有其定性（很難改變），
但一旦你能將新意準確傳達給客戶，
其原創性會讓客戶不斷回訪，
因而達成我們的
行銷目的。

行銷溝通
行銷中的溝通技巧

與目標族群溝通互動，
不僅可以在實際產生銷售數量前
創造品牌知名度、提高營銷成果，
還可以幫助加強品牌忠誠度。

市場的溝通互動可以透過不同媒體管道，
例如電視廣告、告示牌、雜誌獨家專訪、
電台廣告、傳單以及產品目錄。
所有不同頻道的廣告都應該塑造出
相同的品牌形象。

舉例來說，如果你想要將產品定位成
日本商品，所有的廣告都必須以
日本的元素組成，
不能混雜歐洲或中國的
元素進去廣告裡。

公關宣傳

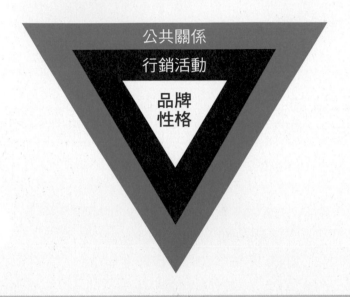

公共關係

行銷活動

品牌
性格

行銷活動

　　有能力的行銷人亦需明瞭如何啟動有效的行銷活動。透過行銷活動讓目標族群實質理解及接收品牌訊息，比如讓品牌主與消費者面對面接觸，讓消費者準確理解品牌個性，或創造品牌與消費者間更穩固的連結。

品牌性格
品牌的個人化

創造品牌個性

正如描繪一個人的形象。

你想讓一個人

給人強壯還是虛弱的形象?

你想讓一個品牌給人

年輕還是熟齡的感覺?

要正確的定位一個品牌是給

女性、男性、學生、運動員、花美男,

是健康取向還是娛樂舒壓,

這全取決於行銷人想如何打響知名度。

必須先讓目標族群理解我們的品牌個性,

這關係著銷售量的成長。

行銷宣傳
行銷活動的主體

舉例而言，
鼓勵吸菸族群戒菸的行銷活動，
稱之為戒菸宣傳。

掌握了行銷的訴求主體是誰後，
我們就能針對他們來設計行銷活動。
例如，國中及高中正好是
最容易受誘惑而抽菸的年紀，
因此戒菸宣傳活動應推進至校園，
教育這群學子戒菸的必要性。

接下來還可以選擇於不同場域
宣傳戒菸活動，
例如醫院和百貨公司。

公共關係
市場推廣的各種舉動

行銷活動可以讓目標族群實際上
接觸到產品，而不只是從
電視、廣播、報紙上接觸到產品而已。

例如發送試用包，也就是發送產品。
邀請消費者自行體驗、試用新品等，
衛生棉產業就經常透過發送試用包來宣傳新品上市。

再舉例，發送消費者含維他命E的
身體乳液、發送新配方的咖啡包
讓消費者試喝等，再詢問消費者的感受，
如果消費者的感受很正面，
他們很容易就能在
鄰近的商店買到商品。

付費廣告

透過各種媒體管道做行銷，
或買媒體版面放送企業消息，
如買下報紙或電視廣告版位，
或在雜誌上做置入式軟文、
在有線電視買新聞報導等。

提供媒體新聞素材稱之為媒體公關（發布新聞），
這是一種通知目標族群的方式，
是企業和媒體間被社會所容許的商業性交誼。
很多我們從媒體接收到的訊息，
其實都是品牌行銷人
透過各種管道傳送出來，
並進入我們腦中的刻意安排。

行銷人不間斷向市場
遞送的訊息，
常是消費者購買
某品牌商品的理由。

公關宣傳

如果目標族群是大學生，
你的行銷活動必須在大學校園中推動，
才能有效接觸到大學生。

如果你的目標族群是幼稚園小朋友，
你的行銷活動必須到幼稚園中舉辦，
且有父母參與，
因為父母才是真正付錢的消費者。
因此，如果你推出一款能增進小孩
情緒EQ的穀片產品，
建議你到幼稚園舉辦試吃活動。

如果是女性產品，
那麼你可以到購物商場
舉辦行銷活動，
如百貨公司。

品牌策略

品牌是
什麼
??????

12 品牌策略
Brand Strategy

策略性品牌

讓消費者記住品牌的關鍵

品牌知名度的形成和讓消費者知道該品牌存在的影響因素有很多。

如果消費者還不知道一個品牌,他們怎麼會購買這個品牌的產品呢?

如果消費者知道一個品牌,但並不覺得值得掏錢,那他們也不會購買這個品牌的產品。

品牌策略就是在創造品牌值得被消費者記憶的形象。

有4大行銷方向可幫助行銷者達成此目的:

1)品牌方向

2)品牌定位

3)品牌認同

4)品牌溝通

品牌策略
行銷方向

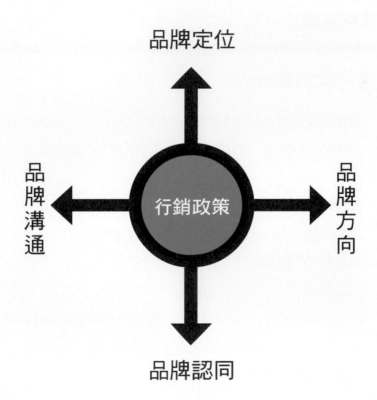

品牌定位

品牌溝通

行銷政策

品牌方向

品牌認同

13 品牌認同
Brand Identity

市場特質

獨一無二的品牌特質

每樣產品都該有他項產品無法取代的特性，若產品缺乏讓人記憶深刻的特色，趕快把它找出來，或者，創造出來。

女巫的特質就是「黑魔法＋咒語」。
童話故事公主的特質就是「美麗＋惹人憐愛」。
白馬王子的特質則是「勇敢＋領袖氣質」。

品牌認同就是在創造品牌或產品的個性，而這些被描繪出來的個性和消費者的認知是同步的，即使品牌或產品轉向，消費者對其品牌認同亦覺無違和感。

品牌認同

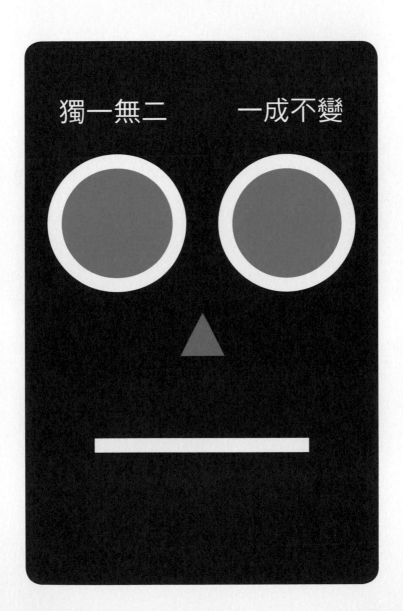

獨一無二　　　一成不變

企業社會責任CSR

（Corporate Social Responsibility）

（組織外的努力方向）

CSR是透過支援社區和社會，

展現組織關懷人群，

並達成企業目標的一種行銷活動。

企業積極參與社會活動，然後登上報紙或電視頭條，

不算是什麼驚人之舉，

這其實是企業贏得社會聲望最典型的行銷活動。

企業不但付出企業關懷，

還讓客戶理解到他們花錢購買產品的行為，

最終是能回饋社會的。

於是消費者覺得自己宛如和

企業站在一起，

也參與了社會關懷。

客戶關係管理CRM
（Customer Relationship Management）
（組織內的努力方向）

這是讓消費者感受到安心舒適的手段。

CRM不是什麼新鮮事，

因為企業無時無刻不在做客戶關係。

咖啡館老闆不是只躲在櫃台後沖咖啡，

他們也會走出櫃台和客戶聊聊天，

說不定還和客戶結成了朋友，

這種友善的交流會讓上門的客戶

感到很舒服，

不會對再次上門消費感到遲疑。

行銷策略中重視客戶關係管理的品牌，

最後市占率皆能有增長。

14 品牌個性
Brand Characteristic

品牌的擬人化性格

超模＝可愛＋高挑＋纖瘦＋時尚

網紅＝甜美＋清純＋誠懇＋漂亮

OL＝性感＋亮眼＋美麗＋大膽

這些都是消費者從過去的消費決策中形成的產品認知。

某些產品的消費目標族群是青少年，但命名很老氣，那麼這個產品將難以銷售。

某些產品的消費目標族群是銀髮族，但廣告背景用的是饒舌音樂，那麼這個產品也難以銷售。

以上的舉例都是在詮釋產品個性上出了差錯，以致讓目標族群產生衝突的認知，所以無法了解自己和該產品的連結何在。而我們都了解，認知相左勢必無法產生消費意願。

品牌個性

品牌的擬人化性格

創造好的形象，
詮釋其形象的周邊商品都必須正確。

品牌個性

品牌認同

品牌忠誠

品牌策略

品牌知名度

產品創新

行銷活動

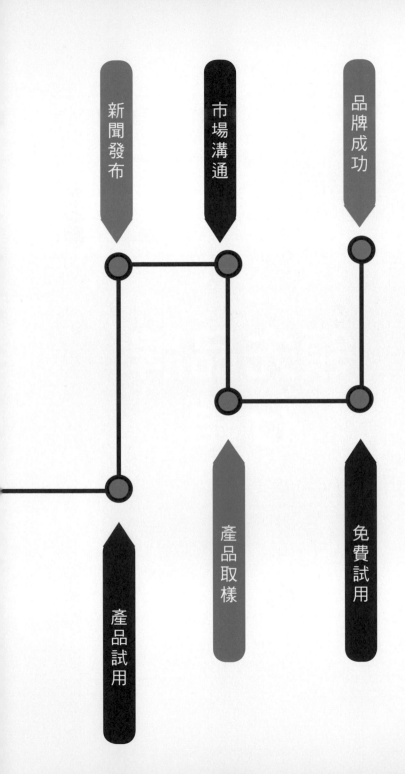

領先品牌
行銷

什麼是
領先品牌
行銷
？？？？？？

15 領先品牌行銷

Top Brand Marketing

領先品牌的行銷策略

主流品牌＋頂尖品牌

即具有足夠的銀彈攻勢＋更多消費者連結＋有信譽的產品的品牌。

路易威登創立已160年；亞曼尼旗下有2萬2千名設計師；愛迪達自1928年起生產運動鞋；彪馬自1948年起銷售運動產品；聯邦快遞大舉投資由湯姆漢克主演的大片「浩劫重生」，劇中湯姆‧漢克即飾演一名聯邦快遞員工，因空難而獨自在孤島上求生的故事；阿賈克斯足球俱樂部自1900年起即為荷蘭第一的足球俱樂部。

領先品牌
行銷

行銷策略

16 劣勢品牌行銷
Underdog Marketing

劣勢品牌的行銷策略

知名度不夠的產品或企業

　　與大而知名的品牌相對的就是劣勢品牌，或是新冒出來、還不太被市場認識的品牌。（銀彈不夠＋新品牌＋知名度不高）

　　為了迎頭趕上市場知名品牌，劣勢品牌必須採取所謂的「攻擊策略」，因為劣勢品牌最大的劣勢就是起步晚，無論是企業或品牌都是市場的新面孔。

　　劣勢品牌喜歡採用「降價」手法挑戰既有的市場品牌，而降價策略表示既有的品牌和劣勢品牌都得經歷一段低利潤的商戰期。

領先品牌
既有的市場品牌

A

領先品牌
行銷

既有品牌策略

行銷策略

劣勢品牌
行銷

小品牌策略

Z

小品牌
新成立的品牌

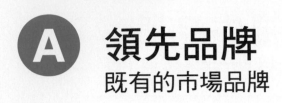

A 領先品牌
既有的市場品牌

更充足的銀彈

在市場活動已有時日

知名度較高

售價較高

收益較好

更多的投資金額

更多的廣告露出

劣勢品牌
新成立的品牌

銀彈緊張

剛冒出頭

知名度不夠

售價較低

收益較差

投資金額謹慎

廣告露出較少

大眾市場

消費商品如飲用水、食物、服飾等有較大的目標市場。

消費者擁有一件以上的這類商品,如衣服、褲子、內衣、運動鞋、服飾等。

很多時候領先品牌即市場的先趨者,或開發出滿足市場需求的第一個產品。

這類在市場活動已久的品牌通常有深厚的品牌故事。

愛迪達運動鞋

足球金童大衛貝克漢長年代言愛迪達,而為了品牌年輕化,愛迪達新聘巴賽隆納足球俱樂部的梅西來展示其新形象。

利基市場

選定一定範圍為目標的行銷策略，是後發品牌針對利基目標族群的聰明操作手法。

有經驗的行銷人能預視到即將推出的產品其消費族群的清晰輪廓為何。

不同運動興趣需要不同的產品，如健行活動產品、慢跑產品，游泳產品也是同樣的道理，籃球、足球、曲棍球和足球運動的球類運動愛好者，各自需要的相關產品亦有差異。

你也可以選擇以職業來決定消費族群：生意人或女白領、經濟學家、公務員、家庭主婦、學生、大學生、中學生等。也可以以地域來選定消費族群：倫敦、伯明罕，英國北方城鎮如麗茲、利物浦、曼徹斯特，英國南方沿岸地區等。

品牌動能

如何促進
產品銷售
??????

17 成長快速產品
Fast Moving Product

銷售迅猛＋成長快速

依據銷售量（日銷量或月銷量）

早餐＝成長快速的產品

漢堡＝成長快速的產品

飲用水＝成長快速的產品

咖啡＝成長快速的產品

汽水＝成長快速的產品

衛生紙＝成長快速的產品

A4影印紙＝成長快速的產品

成長快速產品	成長緩慢商品
消化得快	消化得慢
銷售量大	銷售量小
市場規模較大	市場規模較小
大眾型消費族群	利基型消費族群
使用者多	使用者少
普及	不普及
消費者願意付費消費	消費不太願意付費消費

18 成長緩慢產品

Slow Moving Product

銷售遲緩＋成長緩慢

依據銷售量（和其他產品比較）

草本飲料＝成長緩慢的產品

營養補給品＝成長緩慢的產品

龍蝦＝成長緩慢的產品

魚子醬＝成長緩慢的產品

汽車＝成長緩慢的產品

MAC電腦＝成長緩慢的產品

成長快速產品	成長緩慢商品
牛排	龍蝦
咖啡	草本飲料
泡麵	魚子醬
義美厚奶茶	營養補給品
衛生紙	保鮮膜
衛生棉	馬桶刷
汽水	高粱酒
平板電腦	室內設計專書

成長快速產品

暢銷品＋消耗商品
食物＋飲料＋牛奶＋咖啡＋超市產品＋
衛生紙＋牙膏＋A4影印紙＋日常雜貨＋肥皂

每天使用的日常生活用品
總是家中最快消耗完的商品，
因此重複購買的時間間隔短且次數頻繁。

這類日用品由於競爭者眾，
因此其定價通常不太高，利潤也薄。
定價高的產品一定是找到市場需求缺口，
因而能取得市占率。總之，高度競爭，
等於銷售量高、利潤薄。

行銷應聚焦於
擴大銷售量，
投注更多費用於
行銷宣傳。

成長緩慢產品

流通慢的產品（消費者好一陣子才會再次購買）
如：床上用品＋家具＋沙發＋冰箱＋書桌＋電視

這類商品的品質都不是問題，
關鍵是消費者的需求。
當我們買了一台電視後，
自然預期會用上5年，有時是10年。
又或者當我們買了一張新床，
我們預期會用上10年之久，
甚至在這張床壞掉之前，
都不會考慮買新床。

產品擁有者或行銷負責人
需要理解目標族群和如何找出他們，
因此得在消費者剛買了
新房子或新公寓時，
就啟動他們購買
電視或新床的動機。

19 主品牌
Master Brand

有威力的品牌

牧羊人和他的羊群

　　有些品牌旗下橫跨諸多商業領域，也就是在主品牌下有諸多的延伸品牌。例如理察·布蘭森（Richard Branson）的維珍帝國（Virgin Group），包括了維珍航空、廣播電台、廣告公司、葡萄酒、公關公司、財務管理公司等等，林林總總超過400項的多角化品牌，全都冠上維珍這個字，因為維珍是個讓人理解其來源為同一組織的共通主品牌。

主品牌

維珍
VIRGIN

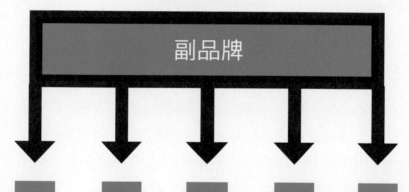

副品牌

維珍航空

西班牙維珍建身房

法國維珍移動電信

澳洲維珍金融公司

維珍綠色新能源基金

20 副品牌（分支）
Sub Brand

品牌的成長果實（分支的擴大成長）

品牌擴張（透過創立更多副品牌）

　　透過創意的分支拓展或多角化商業領域來打造強勢品牌，是飲料品牌中常見的商業模式。例如某飲料公司可以利用相同的生產線延伸新的果汁品牌，強調此品牌添加了全新的營養成分，由於於新果汁添加的維他命有助於美容養顏，因而被定位於「美容飲品」，正式成了一個副品牌線。主品牌可能占了該公司90％的銷售量，5％來自旗下的美容果汁副品牌，5％則來自另一個跟咖啡相關的副品牌，在發展了數個副品牌後，該公司就很容易享受品牌成長的果實。

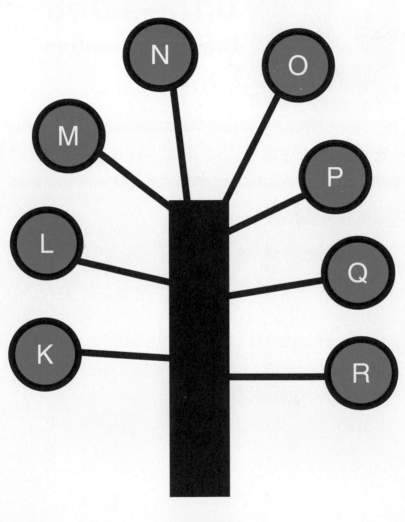

品牌樹

21 品牌動能
Brand Momentum

行銷推力＋分享

行銷的長尾效應

如反彈的籃球一樣，行銷計畫會使產品遞延一陣子，即是長尾效應，遞延的動能會讓籃球反彈十幾次。

首波行銷計畫越成功，其遞延的長尾效應越長；籃球第一次撞擊地板的力道越強，籃球反覆彈回的次數越多，因此行銷計畫必須有持續性才能有最佳成效。

品牌動能
行銷推力

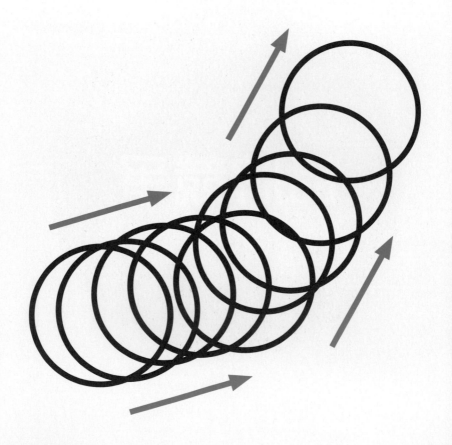

品牌競爭

商場
即戰場
??????

22 競爭品牌
Competitive Brand

以牙還牙＋結伙作戰

同一聯盟的競爭

拳擊賽分成許多不同的等級：重量級、羽量級、輕量級。
（由於體重影響攻擊力，因此根據選手體重做為分級的標
準）

泰國啤酒的領先品牌是勝獅（Singha Beer），近年來面臨低價
品牌泰啤（Chang Beer）的挑戰，於是勝獅推出平價品牌豹王
（Leo Beer）來對抗，如此一來勝獅無需降價，而以同溫層的新
品牌分割泰啤的市場，以牙還牙的策略，不容他牌撼動勝獅的
地位。

品牌商戰

23 防守品牌
Conservative Brand

平靜＋穩定＋無風險

品牌結構一成不變

有些產品無意加大投資於品牌行銷，理由是：

1) 已經是市場上深受歡迎的品牌了

2) 一直走低價的定價策略

3) 公司高層對新品牌的成功可能性不太有信心

品牌一直沒有動作會讓熟練的行銷人毫無用武之地，因此在市場上會漸居下風，例如諾基亞原本是智慧型手機硬體製造的領導廠商，但它錯失了發展自有品牌的機會，而讓三星、蘋果、HTC和其他競爭者以嚴謹的行銷計畫分食整個市場。

防守品牌

無聊的品牌
＋失去市場光環
＋未讓消費者感動

24 重塑品牌新風貌

Rebrand (New Style)

品牌改造

將品牌改造成新風貌

有些品牌需要改變其品牌意涵，才能更引人入勝、更符合流行感。

以某家餐廳為例，其開店已有10年了，因此需要與時俱進、重塑品牌，吸引追求流行感的新目標族群，並重新取得市場競爭力。女鞋品牌亦然，由於產業變化快速，得持續翻新品牌形象，更得無時無刻以更時髦的設計吸引身為消費主力的年輕族群的目光。

重塑品牌類似改造品牌個性，從陳舊老化到生氣盎然，或從女孩升階為女人。

重塑品牌

大叔　　　　小鮮肉

給人感覺不太營養的食物在添加了維他命C後，明顯地給人革命性進化的外界觀感，品牌形象與過往截然不同，透過改造，變得更加時髦或符合市場發展趨勢，這就是重塑品牌。

25 品牌對抗
Encounter Brand

市場挑戰者

達爾文進化論
（獅子vs.老虎＋水牛vs.犀牛）

在行銷的領域中，老大品牌常會遭遇來自老二品牌的挑戰，這時小品牌最好閃遠點，避免混入戰局。

在通訊領域中，比拚的是4G技術＋電波強度＋促銷方案＋Wi-Fi點的數量，競爭非常激烈。

英國的連鎖超市大腕Tesco　Asda和Sinsbury's常常針對消費者舉辦流血促銷，Aldi和Lidl這類較小型的超市連鎖都選擇噤聲觀戰，避免正面交鋒。

達爾文進化論

　　大自然優勝劣敗這樣的淘汰理論亦適用於品牌競爭，因此越級挑戰是不明智的。

　　同一個鳥窩內可以相互搶奪資源，但若要到其他的鳥窩去搶食，風險明顯是高的。同理，競選活動講求棋逢對手，品牌vs.品牌的單挑殊死戰也要旗鼓相當才行。

活躍品牌

品牌間的競爭每天都在上演
競爭品牌＋挑戰品牌＋跟隨品牌

無論哪種競爭都要懷抱相同的戰鬥因子，
也就是持續競爭＋永不放棄。
行銷人要記得保持靈活彈性，
因為現實生活中沒有老師專家
可以手把手教你致勝方案。
如果我們能習得有戰力的行銷策略，
並能因時制宜地調整，
而非緊抱理論不放，
就有在現實商戰上
一較高下的能力了。

消極品牌
懶惰的品牌

曾經在市場上叱吒風雲，
現在卻毫不具備進步的行銷知識，
不打算投資於市場行銷，
或是沒有優秀的行銷顧問的保守品牌。
原地不動的品牌等於在市場上落後，
坐等有好策略的新品牌迎頭趕上。
在競爭賽道上甩掉老品牌的新品牌，
一定能在終點線前超前領先而獲勝。
有些產品的目標族群數量和銷售量都小，
於是會自我設限，
覺得沒必要為了一丁點的銷售量
大費周章地投資。

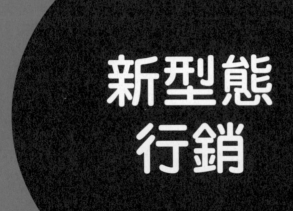

新型態
行銷

如何根據
生活型態
規劃行銷
??????

男性產品

（大多數的消費者是男性）

運動雜誌／FHM雜誌／Maxim雜誌視聽設備／刮鬍膏／音響設備／跑車／高爾夫／啤酒／伏特加／……

女性產品

（大多數的消費者是女性）

化妝品／Vogue雜誌／浮華世界雜誌／彩妝品／香水／內衣／高跟鞋／唇膏／指甲油／耳環／項鍊／戒指／……

直效行銷

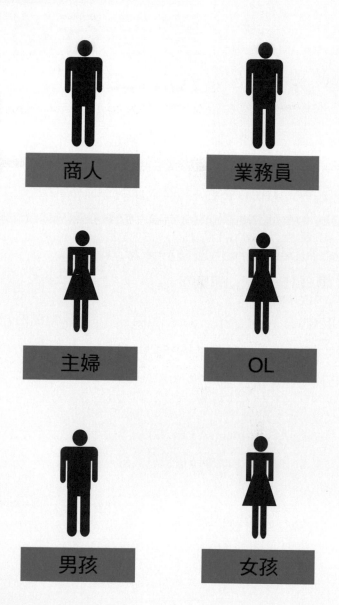

26 影音行銷
YOUTUBE

透過YouTube平台行銷

YouTube的達人秀讓每個人享有
「爆紅15分鐘」的機會

歌舞俱佳的小賈斯汀（Justin Bieber）是唱片界的當紅炸子雞，而YouTube就是讓他展現才藝而被發掘的影音平台，他的YouTube追隨者之眾，讓他的事業不斷攀登高峰。

英國達人秀（Britain's Got Talent）將小胖子歌手保羅·巴茲（Paul Potts）、47歲蘇珊大嬸（Susan Boyle）、6歲天才女聲康妮·塔波特（Connie Talbot）的表演上傳YouTube後，讓這幾位素人迅速在全球走紅。

收看

影音
播放檔

按讚

音樂

分享

戲劇

訂閱

演出

27 簡訊行銷
Message

文字是行銷的基本

發送手機簡訊做行銷

透過一般手機或智慧型手機發送簡訊可以迅速擴大客戶基礎，現今社會的溝通方式已不限於撥通電話，反而是簡訊更能夠完成個人對個人、組織對個人的溝通，因為手機簡訊的好處是可以選擇不同的群組發送不同的訊息。

例如某新房產公司可根據物件所在地篩選出精準的客戶，如向倫敦第二區周邊一公里內的手機使用者，發送物件特點及位置的告知簡訊，這時的行銷成本僅是該公司支付電信商的簡訊費。

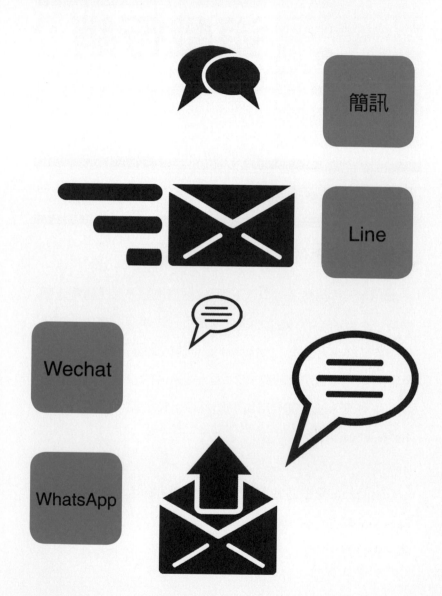

簡訊

Line

Wechat

WhatsApp

28 遊戲行銷
Game

遊戲＋玩樂＋多媒體

免費玩上癮再付費

2013年，「憤怒鳥」全球下載量達5億次之多，「植物大戰殭屍」上架前9天下載量就達到30萬次，「水果忍者」74天內的下載量亦有百萬次；2016年「寶可夢 Pokémon Go」在上線兩個月後，下載量即超過5億；Instagram在1百天內就有30萬次的下載量，並且其使用者平均每秒上傳12張照片或每分鐘720張（2013年）。

Instagram受歡迎的程度及使用者黏著度之高，使臉書Facebook願意付出1億美金，買下這家員工才13人、成立僅2年的新公司。

憤怒鳥

Candy
Crush

水果忍者

神魔之塔

植物大戰殭屍

INSTAGRAM

Pokémon Go

割繩子

29 應用程式行銷

APP

當紅工具

迎合消費者習慣的新體驗

- 新加坡航空（Singapore Airlines）：預定並購買機票

- 天氣頻道（The Weather channel）：確認世界天氣如何

- 亞馬遜（Amazon）：提供網路購買的書店

- CNN：即時於智慧型手機更新新聞

- 廣播：用平板電腦收聽廣播

- 愛迪達（Adidas）：易於看到嶄新風格的運動鞋

- 醫院：檢查所有有關醫療事項的訊息

- Booking：專門提供預訂飯店及機票的新app

- Trip Advisor：推薦好的食物、飲料及旅行規劃

London Map

1）一個提供旅客查看倫敦所有地方和道路、包括倫敦地鐵地圖的app。

Damrong Pinkoon

2）此一線上購書平台提供作者所有出版品的介紹，以及20本英中日的翻譯本。

RESTER HEALTH

3）這支由Rester智慧按摩椅品牌發行的app，傳送給使用者關於按摩椅和健康相關的信息。

World Time

4）可以通知世界各個城市時間的app。像是巴黎、紐約、倫敦、上海、曼谷。

The Weather Channel

5）讓你知道目的地天氣的app，可以掌握不同地區某段時間的氣候預報。

30 劇情行銷
Dramatical

講述感人情節的故事行銷

悲催戲碼立大功

　　有時我們需要眼淚來幫我們賣產品，某個家庭的淒慘過往、叫人心碎的遭遇、愛情悲劇等，如果我們懂得利用這類的劇情觸動目標族群的情緒，就能讓產品隨著淚水流淌的情節而發燒熱賣，讓悲催的故事劇情打動目標族群，令他們陷入揪心的情緒中，故事中的產品終將征服他們原本冷漠的心腸。別懷疑，眼淚絕對是銷售利器。

對有些人來說，
他們並不擅於表現自己的天賦，
只能藉著過往的生活故事刻劃出清楚的面貌。

這就是故事行銷之所以有說服力的原因，
因為多數人都是有同理心＋心地善良＋理解他人的遭遇。

悲劇更是故事行銷中威力最殺的，
這就是我們所謂的「劇情行銷」。

31 歴史行銷

History

傳奇行銷

讓人記憶深刻的歷史

　　為了突顯品牌價值，我們可以利用別人所沒有的故事而讓我們的品牌顯得特殊，例如某公司創立於工業革命時代，或像已有上百年歷史的倫敦哈洛士百貨一樣，強調自己是倫敦高端百貨的定位，並且吸引了眾多富豪成為忠實顧客。人們總是對有歷史的企業組織抱有極大的好奇，它們是如何度過經營危機，又如何攀登今日的地位。

敘說故事

組織沿革＋歷史發展
＋令人入勝＋傳奇轉折

32 警示行銷
Warning

病毒＋危險性

警示及銷售

　　有些行銷人善於利用目標族群的弱點，提出小心病毒、留意心血管疾病、小心中風……等的警示，引起目標族群的注意，越能勾起消費者關注健康議題，也越能達成產品或服務的推廣。

　　我們常在醫院各角落看到防癌宣傳海報，旨在警示人們身體健康的重要性，然後再加註「特價中」，便是水到渠成。

　　這種略帶威脅的行銷手法，也常見於保全系統產品和其服務。

危險

33 音樂行銷
Music

行銷交響曲

音符就是說故事的媒介

　　音樂行銷透過音樂打造品牌。很多電影未上市前，電影配樂早就紅翻天了，藉由電影配樂大賣抓緊消費者的目光，最後反過來增長了電影的票房，而電影票房好又促使電影配樂產品賣得好，兩相得利。

　　現今的音樂工業也有大幅度的轉變，業者傾向於製作單曲或EP迷你專輯，因為更容易銷售和行銷，加上投資較小，不必面對萬一全專輯都不中而血本無歸的風險。

新商業模式

來電答鈴及待機音樂的下載等等，
都是音樂工業符合世代的獲利管道。

DOWNLOAD…

34 市場發展

Marketing Development

爭取新客戶擴大市場

用相同的產品爭取新客戶

　　既有的目標族群對我們的產品來說已是熟面孔，所以我們可能會覺得已不需再進化產品了，卻忘了外部市場還很大，還有很多消費者尚未接觸過我們的產品，等著我們去開發。這正是我們得顧及擴大客戶基礎之需，而努力發展市場規模的原因。

　　例如，公寓業者想將物件賣給年輕上班族，但他們同時也不會忘了大學生和剛有小寶寶的新手父母也可能是他們的顧客，此即為該公寓業者的兩大潛力消費群。

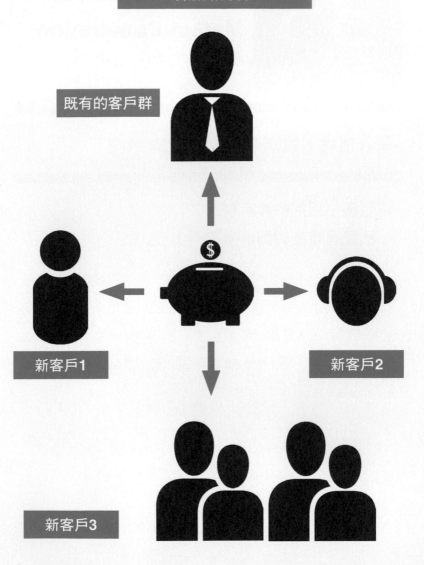

市場滲透
Market Penetration

深入市場，對既有顧客再行銷

新產品＋相同的客戶群
（已買過產品的同一批客戶）

　　泰國最大的水泥公司暹邏水泥集團，他們的客戶正是房地產業者，而該集團想透過推出新產品擴大房地產業者的採購量。了解到房地產業者的需求後，暹邏水泥增加了樹脂、快乾水泥、油漆、門、窗、鏡、衛浴設備、壁紙和其他地產商需要的產品。

　　如果我們能了解既有客戶群的需求，我們就能輕易地擴大產品線，並取得客戶的購買認同。

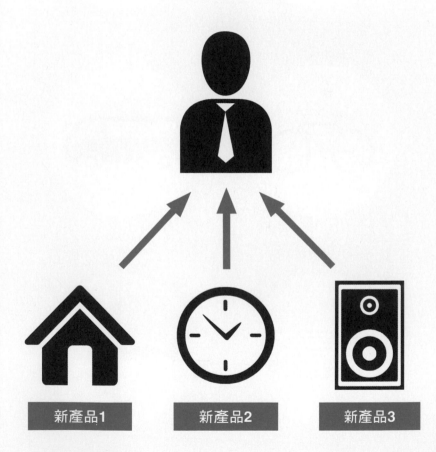

巧妙地應用一些
必要的武器，
挑戰者就能
輕易地勝過對手。

最好的時光

閱讀《最好的自己》、《最好的工作》、《最好的生活》，
成就最好的時光！

超人氣講師暢銷多國作品，閱讀你的人生，成就你的大事。

人生不過就「生而為人」這一件大事，
不再留下如果，不再渴望重來，
從現在起，打造屬於你最好的時光！

透過作者日常而直白的提點，你將察覺未曾留意的自我盲點，
重新梳理個人、工作、生活中的各種人生事件，
幫你突破各種瓶頸，也替你所珍視的一切劃重點。

人生大事之最好的自己：30個關鍵詞，找回不再被情緒勒索的自己
CXZ0001，定價250元，特價199元

人生大事之最好的工作：每日一分鐘，啟動工作小革命
CXZ0002，定價250元，特價199元

人生大事之最好的生活：讓日子更自在的30個簡單思考
CXZ0003，定價250元，特價199元

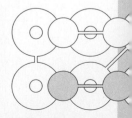

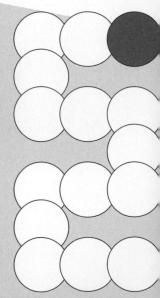

大商業時代

進入微創時代，
一個社群帳號就可以建立小型商圈，
你是一人公司、一人戰場，
唯有透過多元管理、創新策略、精準攻略
才能以一擋百、以利滾利，迎接大商業時代

失敗不少見，但你可以創造成功；
挑戰不曾少，但你可以累積優勢。

任何一種新生，都擁有向世界單挑的潛力，
探索每一個「需要」，抓住每一個「想要」，
大眾不大、小眾不小，
聰明的公司知道這都是偉大的群眾。

- 人生大事之一學就會的管理佈局：成為老闆的8堂先修班
  CXZ0007，定價260元
- 人生大事之顧客優先的策略思考：公司賺錢的12堂經營必修課
  CXZ0008，定價260元
- 人生大事之看穿對手的競爭攻略：成為贏家的42招商戰法則
  CXZ0009，定價280元

10 分鐘弄懂深度行銷：
成為下一個市場強者的行銷聖經

作　　者／丹榮‧皮昆（Damrong Pinkoon）
譯　　者／吳素馨
主　　編／林巧涵
執行企劃／王聖惠
美術設計／倪龐德
第五編輯部總監／梁芳春
發行人／趙政岷
出版者／時報文化出版企業股份有限公司
10803 台北市和平西路三段 240 號 7 樓
發行專線／（02）2306-6842
讀者服務專線／0800-231-705、（02）2304-7103
讀者服務傳真／（02）2304-6858
郵撥／ 1934-4724 時報文化出版公司
信箱／台北郵政 79 ～ 99 信箱
時報悅讀網／ www.readingtimes.com.tw
電子郵件信箱／ books@readingtimes.com.tw
法律顧問／理律法律事務所 陳長文律師、李念祖律師
印　　刷／勁達印刷有限公司
初版一刷／ 2017 年 11 月 10 日
定　　價／新台幣 250 元
行政院新聞局局版北市業字第 80 號

時報文化出版公司成立於一九七五年，並於一九九九年股票上櫃公開發行，
於二〇〇八年脫離中時集團非屬旺中，以「尊重智慧與創意的文化事業」為信念。

Marketing Know+How by Damrong Pinkoon
© Damrong Pinkoon, 2014
Complex Chinese edition copyright © 2017 by China Times Publishing Company
All rights reserved.

10 分鐘弄懂深度行銷：成為下一個市場強者的行銷聖經／
丹榮‧皮昆 (Damrong Pinkoon) 作；吳素馨譯. 初版
臺北市：時報文化, 2017.11 ISBN 978-957-13-7174-0（平裝）
1.行銷學　496 106017815